安安御险记

—带你轻松了解气象灾害防御知识

主　编：顾建峰　谭　畅
副主编：刘　飞　廖向花　陈　昉　罗先猛

气象出版社
China Meteorological Press

图书在版编目（CIP）数据

安安御险记：带你轻松了解气象灾害防御知识 / 顾
建峰 , 谭畅主编 . — 北京：气象出版社， 2021.1
　ISBN 978-7-5029-7383-4

　Ⅰ . ①安… 　Ⅱ . ①顾… ②谭… 　Ⅲ . ①气象灾害－灾
害防治－儿童读物 　Ⅳ . ① P429-49

中国版本图书馆 CIP 数据核字（2021）第 010442 号

Anan Yu Xian Ji——Daini Qingsong Liaojie Qixiang Zaihai Fangyu Zhishi
安安御险记——带你轻松了解气象灾害防御知识
主　编　顾建峰　谭　畅
副主编　刘　飞　廖向花　陈　昉　罗先猛

出版发行：气象出版社
地　　址：北京市海淀区中关村南大街 46 号　　　　　邮政编码：100081
电　　话：010-68407112（总编室）　010-68408042（发行部）
网　　址：http://www.qxcbs.com　　　　　**E-mail**：qxcbs@cma.gov.cn
责任编辑：邵　华　　　　　　　　　　　　终　　审：吴晓鹏
责任校对：张硕杰　　　　　　　　　　　　责任技编：赵相宁
封面设计：戴梦夫　邵彬梅　　　　　　　　插　　画：戴梦夫　邵彬梅
印　　刷：北京地大彩印有限公司
开　　本：889 mm×1194 mm　1/20　　　　　印　　张：6.8
字　　数：120 千字
版　　次：2021 年 1 月第 1 版　　　　　　　印　　次：2021 年 1 月第 1 次印刷
定　　价：28.00 元

前　言

　　近年来，由于人类活动及自然因素等的综合影响，全球气候不断出现大范围的异常现象，极端天气气候事件导致的灾害频繁发生，给经济社会健康发展和人民群众生命财产安全造成了严重的影响和损失。据气象专家预测，未来几年，在全球变暖的背景下，我国出现的极端天气气候事件还会日趋增多，应对防范气象灾害的难度、广度和深度显著加大。因此，加强气象防灾减灾科普宣传教育，让社会公众及时了解气象灾害和防御措施，对减轻气象灾害损失有着重要的实际意义。

　　气象是一门专业性较强的学科，许多专业知识易给非专业人员在理解上造成困难。而通俗读本是宣传普及气象科学和灾害防御知识的重要载体之一，通过该种载体向社会公众广泛宣传气象科普知识，有利于提高公众的灾害防御意识和能力，体现气象工作"以人为本、无微不至、无所不在"的服务理念。《安安御险记——带你轻松了解气象灾害防御知识》就是一本新编气象科普通俗读本。该读本以漫画绘本这种人们喜闻乐见、浅显易懂的表现形式，通过日常生活中一个个生动有趣的故事来介绍气象灾害预防、避险等应急知识。故事中的主人翁安安,是一位聪明活泼可爱的小学生,特别喜欢探寻气象科学奥秘,她将带着大家近距离地感受天气变化,经历一次次气象灾害,在这个过程中一起学习、一起成长,学会如何与自然和谐相处,如何躲避灾害性天气,有效减少和降低灾害损失。

目 录

沙尘（暴）来袭

春天来了，温暖和煦的春风融化了冰封的大地，但是春天也有发脾气的时候，天干物燥时，当大风呼呼刮起，沙尘（暴）也随之而来。

社区里的工作人员，在为人们介绍沙尘（暴）的相关知识。

沙尘（暴）天气的产生主要是由于前期气候干旱，在大风的作用下将地面的尘土和细小沙粒卷到空中，并迅速移动。沙尘（暴）使空气变得浑浊，能见度下降。

尘土

沙粒

手套

纱巾

防尘镜

口罩

工作证

防尘服

工作人员提醒大家外出一定要带好防护工具，做好个人防护。

4

田间劳作者趴在相对高坡的背风处，手里抓住牢固的物体。

人们迅速逃离危旧房屋。

街上的人蹲靠在能避风沙的矮墙处。

回家路上，安安看到不同场所的人在采取各种方法防御沙尘（暴）。

6

安安看到一位老奶奶不断咳嗽，还出现了气短、发作性喘憋及胸痛等症状。

7

安安及家人一路上远离树林、高耸建筑物和广告牌，终于回到了家。一家人及时清洗了裸露在外的皮肤及鼻腔。

安安和妈妈一起将门窗关好，用胶条对窗户进行密封，顺利渡过了沙尘（暴）天气。

抢救干旱

爷爷，干旱了我们要赶紧想办法解决呀！

暑假，安安去爷爷家玩，发现地里的农作物都快干死了，干旱很严重。

滴灌农作物，呼吁大家节约用水，杜绝浪费。

呼吁工厂减少污水排放，保护环境。

安安想了很多的办法帮助爷爷解决干旱问题。

11

安安还和爷爷为农作物盖上了薄膜，防止土壤水分蒸发。

与此同时，爷爷和农民伯伯们也在积极努力一起兴修水利，合理利用水资源。

气象部门的工作人员在大气条件允许时积极开展人工增雨作业，合理利用空中水资源，缓解干旱。

14

经过艰苦努力，作物都安全地渡过了旱季。

高温预警

气象公园

周末，安安和爸爸妈妈一起去气象公园玩。

16

时间一点点地过去，正午的气温持续上升，安安还没有回来。

爸爸焦急地四处寻找安安。

爸爸抱着中暑的安安赶紧来到树荫下。

爸爸给安安扇风，妈妈用冷水毛巾湿敷安安头部，并包裹四肢、躯干，给身体降温。

休息了好一会儿，安安终于缓过劲来，又开开心心地玩去了。

工作人员听到后立即赶到池塘边，
用绳子营救溺水的小孩。

25

工作人员终于将小孩救上岸来，在水池边为小孩急救。

工作人员的重要提醒

1.设有"禁止游泳或水深危险"等警告语的水域处，千万不可下水嬉戏。

2.切勿到不明地形的水域、河流、水塘等地游泳、嬉水，以免发生危险。

3.不要独自一人到河流边嬉水、游泳。

4.发现有人溺水，应及时求助。

27

天色渐渐暗了下来，安安和爸爸妈妈有说有笑地回家了。

安安小贴士

1.高温天，要做好防晒准备，尽量避免正午及午后外出，且不要长时间暴晒。

2.一旦发现有人中暑，首先应迅速将患者带离高温场所，在阴凉处休息或平卧，并将其双脚提高，以增加脑部的血液供应，同时用冷水毛巾湿敷头部或包裹四肢、躯干，用电扇吹风，让病人体温尽快下降。如果患者四肢及全身肌肉痉挛，可以在痉挛部位稍加按摩。情况严重时，应及时就医。

3.切勿贪凉玩水，防止意外溺水。

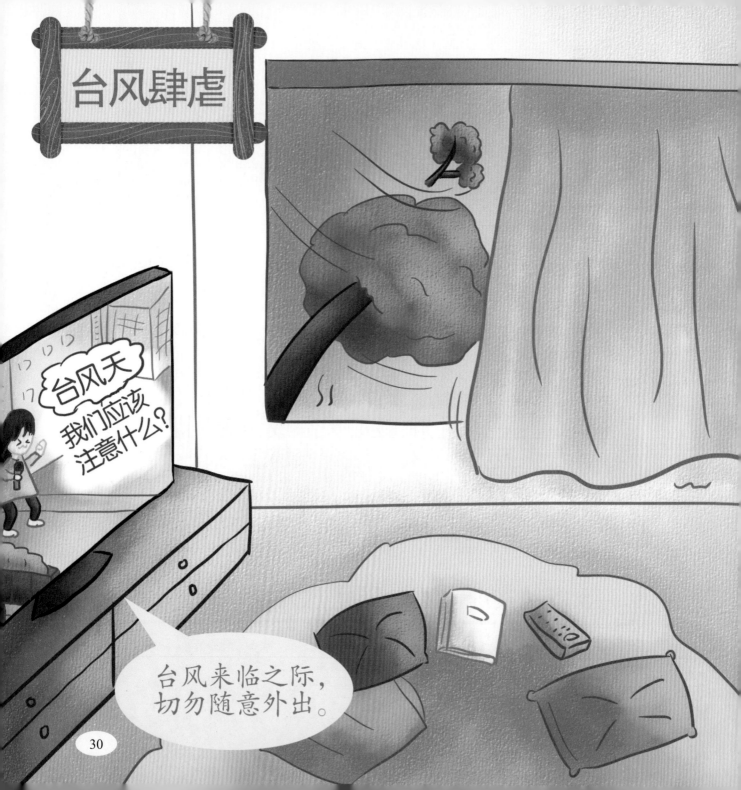

这天，台风来袭，安安躺在沙发上看电视，听主持人介绍台风的防御知识，慢慢地睡着了，梦到自己来到大街上。

不能顶风前进，一定要找一个安全地方躲避，不能躲在树下或者突出的高处，以免发生雷击。

大风会吹落高空物品，快到室内躲避！

不要靠近带电的物体！会被电击到！

安安发现街上很多人在台风来临时都很慌乱，防御措施也不对。

安安被风吹走了。

周末，安安和小伙伴们准备一起去郊野公园玩。

清理垃圾，防止下水道堵塞。

提醒路人下暴雨时绕开窨井行走。

在地势低洼的住宅区门口放置沙袋挡水。

安安和她的小伙伴们想到了很多办法帮助人们做好暴雨防御。

安安还特别提醒大家在下暴雨时要将离地面1米以下的室内插座都及时拔下，防止室外积水渗进屋内导致触电。

1米以下

可站在高处打电话给相关部门寻求救援。

可以爬上屋顶等待救援，或利用救生器材逃生。

迅速躲开倾斜的铁塔及断开的电线。

安安和小伙伴们还想到如果暴雨引发城市内涝，也应该采取一定的防御措施。

41

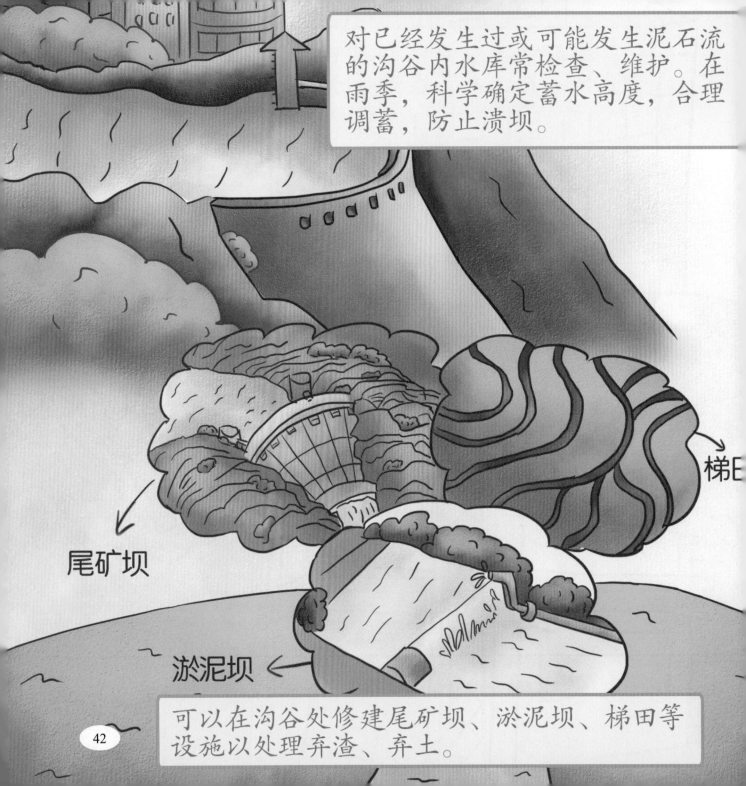

对已经发生过或可能发生泥石流的沟谷内水库常检查、维护。在雨季，科学确定蓄水高度，合理调蓄，防止溃坝。

梯E

尾矿坝

淤泥坝

可以在沟谷处修建尾矿坝、淤泥坝、梯田等设施以处理弃渣、弃土。

43

安安他们以最快的速度向山体两侧稳定区逃离。

安安和小伙伴逃到了安全地区。三个人一起拍了张照片作为纪念。

一连下了几天暴雨，安安一家决定去看望住在山上的外婆。

为预防遇上滑坡泥石流，安安一家一路上都在收听电台广播，关注路况最新动态，并查询备选路线。

途中，安安看到河中水流突增，并伴有柴草、树木。

安安还听见一阵阵似火车轰响的声音，从沟谷内传出。

安安一家立即改变路线，途中看见专业
抢险员正在用铲车清理道路碎石。

大家跟随专业抢险员安全撤离危险地带。

安安一家从备选路线继续前往外婆家。

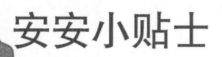

安安小贴士

1.应设置排水沟以防止地面水浸入滑坡地段，必要时应采取防渗措施。

2.修筑预防泥石流的工程设施，例如护坡、挡墙、顺坝、丁坝等。

3.植树造林，主要方法是封山育林、停耕还林，以固结表土、保持水土。

4.选择良好的居住地，建造抗灾度高的房子。

安安马上向同学们普及起雷电防御知识。

安安看见路边的铁皮屋、工棚上都安装了防雷装置。

到家后，安安连忙关闭门窗，并且拔掉了电源插头，还告诉爸爸妈妈要注意防雷。

妈妈，不要站在电灯的正下方。

爸爸，雷暴天不能用花洒洗澡。

单相电源避雷器

电视机馈线避雷器

电话机避雷器

安安不要怕，我们家安装了3个避雷器，用来对家用电器进行保护，分别是单相电源避雷器、电视机馈线避雷器和电话机避雷器，可以很好地保护我们。

妈妈告诉安安有两种方案。方案一：可以就地及时抢救，或者尽快送医院抢救。

方案二：进行心肺复苏或是人工呼吸，然后尽快送往医院。

夜深了，安安听着雨声渐渐睡着了。

冰雹突降

开心农庄

4月，安安一家前往开心农庄游玩。

果园天地

农民伯伯还告诉安安，为果树盖上防护网、给水田作物灌水都可以起到防冰雹的作用。

突然，天上下起了冰雹，安安和农民伯伯快步跑到安全的建筑物里。

谚语说"雹来顺风走，顶风就扭头"，所以下冰雹时，我们要顺风走。

安安小贴士

70

室内的人关好窗户后要远离玻璃门窗。

冰雹不可食用。

要将牲畜、家禽赶进有棚顶的屋子。

咯咯！ 嘎！嘎！ 汪汪！

安安发现防御冰雹也要注意很多方面。

十几分钟后，冰雹停了。大家帮助农民伯伯拯救作物。安安清除积雹，防止土壤板结以及冻害的发生。

第二天，安安一家坐着大巴车开心地回家了。

安安小贴士

1.在多雹区，可选择抗雹性能较强的作物，如山芋、土豆等块根作物。

2.在农作物损伤较为严重的地区，应移植生长期短、早熟的农作物，以减轻冰雹带来的损失。

森林草原火灾

安安再见!

今天,安安和同学们去参观了气象科普馆,司机叔叔送安安回家。

人工增雨作业可以增加大气和植被湿度。

早上，安安起床时发现窗外白茫茫的。

上学路上，安安看见车子之间保持安全车距并且缓慢前行。

安全距离

因为大雾，前方快速路封闭，爸爸和安安只能绕道行驶。

安安在车上，看见港口渡船的工作人员
提醒乘客们雾天轮渡暂时停航。

马路上，警察叔叔在指挥交通。

安安顺利地到达学校，并提醒爸爸开车注意安全，出门戴好口罩。

安安小贴士

大雾天注意事项

1.雾天能见度低，有时路面湿滑，应注意行路安全，尽量选择公共交通。

2.开车须开启雾灯，保持安全车距，注意减速慢行。

3.雾中行车时，一定要严格遵守交通规则限速行驶，千万不可开快车。

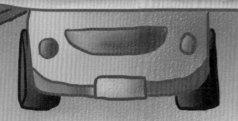

突降霜冻

这天，安安去参加农村生活体验活动，遇到了霜冻。

作物表面都结了白霜！

外面好冷啊！

89

农民伯伯科普时间

1.霜冻是指当温度突然下降，地表温度骤降到0℃以下，使农作物受到损害甚至死亡的现象。

2.我们一般会选种耐寒作物。

3.要合理安排播栽期，使作物敏感期避开霜冻；选择背风向阳处种植。

霜冻分黑霜、白霜。白霜是指当地面水汽达到饱和，就会在作物表面凝结成冰晶，对不同作物造成冻害的影响。

黑霜是指当地面水汽达不到饱和，冰晶就不会
出现，它是一种没有白霜伴随的较严重的冻害。

农们伯伯一般用以下五种方法预防霜冻。灌水法：霜冻的前夕往地里灌水，利用喷灌设备对作物不断喷水，减缓作物降温。

熏烟法：在霜冻来临前1小时点燃可燃物，烟雾能阻挡地面热量散失。（此法会污染大气，仅适于短期使用）

遮盖法：用塑料薄膜的保温棚覆盖作物，可防止外面冷空气的袭击。

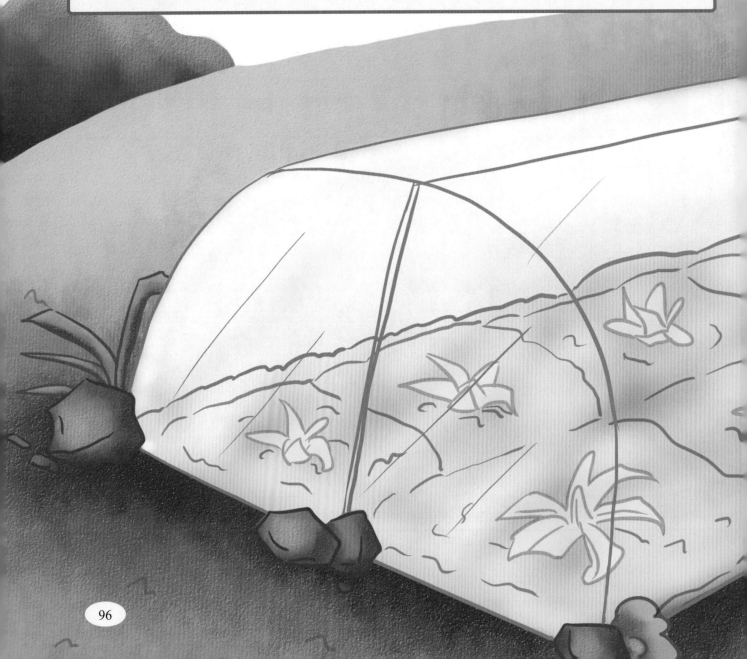

施肥法：在田间施上厕肥、堆肥和草木灰肥等，既能提高土温，又能增强土壤团粒结构。

风障法：在作物田间北面设置防风障，阻挡寒风侵袭，可降低霜冻的危害。

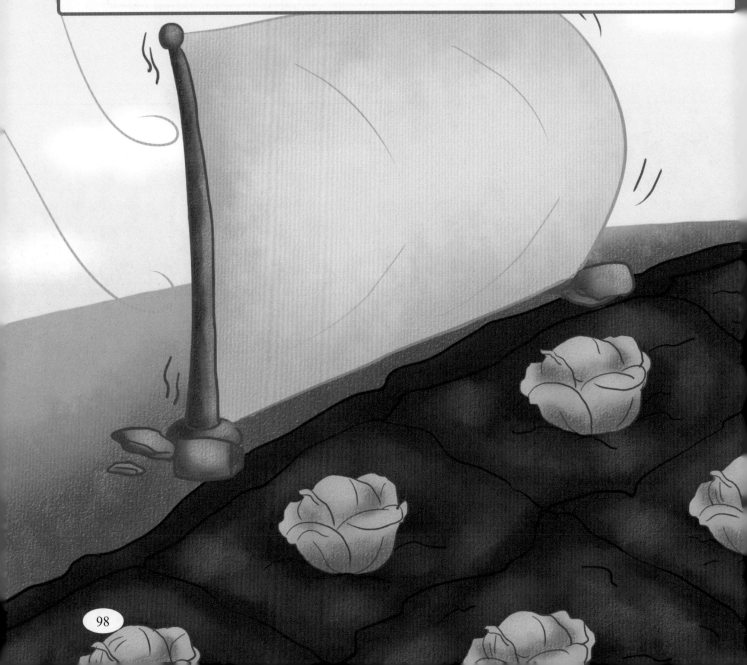

在大家的帮助下，作物顺利渡过了霜冻时期，安安也该回家了。

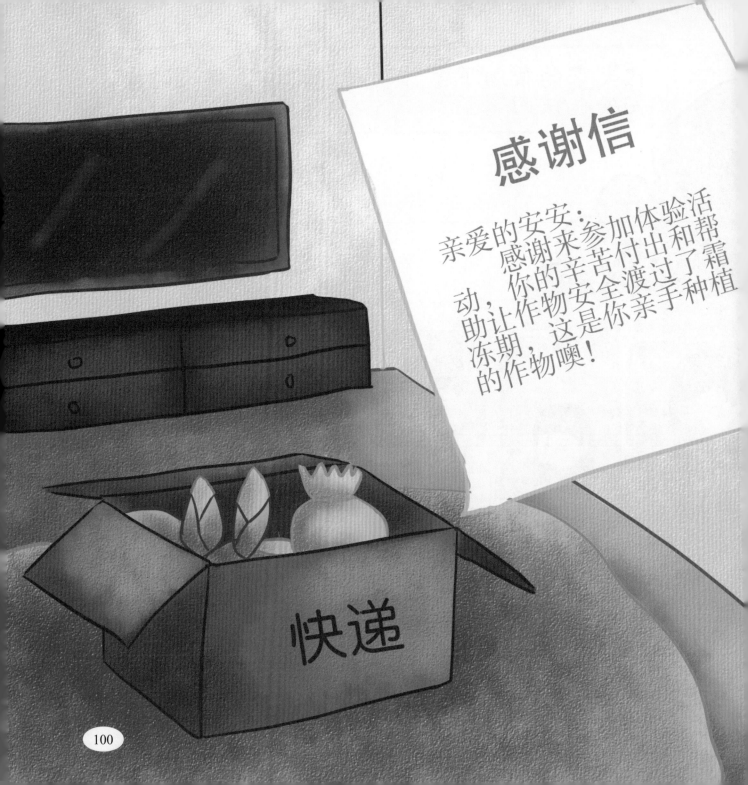

寒潮来袭，气温骤降，大风、低温、阴雨和霜冻等气象灾害接连而来。

如何在寒潮天做好防护？

课堂上，老师为安安和同学们科普了寒潮的相关知识。

寒潮期间，为了保暖，室内常开暖气、烤炉，但一定要保证室内通风，防止烫伤和一氧化碳中毒。

饲养员会为小动物加固栏舍、铺上稻草，经常清洗、消毒栏舍。

预防针

牛羊棚

107

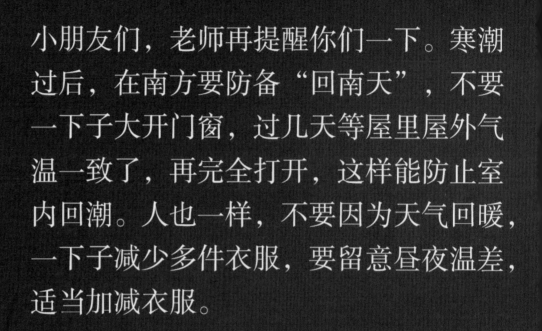

小朋友们，老师再提醒你们一下。寒潮过后，在南方要防备"回南天"，不要一下子大开门窗，过几天等屋里屋外气温一致了，再完全打开，这样能防止室内回潮。人也一样，不要因为天气回暖，一下子减少多件衣服，要留意昼夜温差，适当加减衣服。

老师，再见！

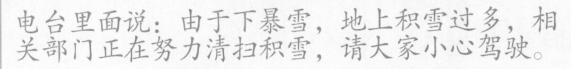
电台里面说：由于下暴雪，地上积雪过多，相关部门正在努力清扫积雪，请大家小心驾驶。

积雪太多，路面湿滑，一定要做好防滑措施。

安安看见一辆拖车拖走了故障车。

饲养员也储备了许多饲料。

受暴雪影响，能见度太低，飞机暂停起降，火车暂停运行，一些路段暂时封闭。

安安看见交警叔叔正在指挥交通。

田地里的农民，都在紧急加固塑料大棚，防止大雪把大棚压塌。

117

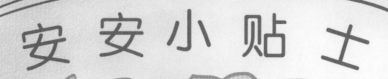

安安小贴士

　　暴雪天，由于降雪量大使能见度低，为了安全，飞机、火车都暂停运行，虽然大家归家心切，但是要保持冷静，耐心等待。

道路结冰

道路慢行

公路上，由于积雪融化，当气温降低时，路面便结冰了。

安安坐在车上，看见环卫工人正在努力清理公路积雪。

安全提示

雨雪天气道路湿滑，桥面结冰，请您注意安全，谨慎通行。

XXX 交通运输局

交警叔叔在紧张忙碌地工作着。

一路上，安安看见很多车的轮胎都套上了链子。爸爸说，这是防滑链。

道路结冰时路面很滑，出门一定注意安全，要穿防滑底的鞋，避免摔倒。

126

安安一家就这样慢慢地开回了家。
真是有惊无险啊！